おうちカフェの
BREAKFAST

我的早餐花园

（日）未来（miku_colors）　著

清水优香 译

化学工业出版社

·北 京·

花点儿心思，每天的早餐都如盛开的花园般给你美丽的心情。

本书分为开放式三明治、英式松饼、吐司、三明治四部分，共介绍了81款各具特色的早餐，从餐点搭配到摆盘设计，每一款都值得借鉴与学习。

作者是日本元气美食博主miku_colors，她在Instagram上记录自己每日的早餐，分享餐具、摆盘技巧。无论是买来的吐司，还是自制的松饼，都能吃出仪式感。

希望本书能为您带来美妙的早餐点子，将精致生活进行到底。

OUCHI CAFÉ NO BREAKFAST by miku_colors

Copyright © 2016 miku_colors

All rights reserved.

Originally published in Japan by KAWADE SHOBO SHINSHA Ltd. Publishers, Tokyo.

This Simplified Chinese edition is published by arrangement with
KAWADE SHOBO SHINSHA Ltd. Publishers, Tokyo c/o Tuttle-Mori Agency, Inc., Tokyo
through Beijing Kareka Consultation Center, Beijing.

本书中文简体字版由株式会社河出书房新社授权化学工业出版社有限公司独家出版发行。

本版本仅限在中国内地（不包括中国台湾地区和香港、澳门特别行政区）销售，不得销往中国以外的其他地区。未经许可，不得以任何方式复制或抄袭本书的任何部分，违者必究。

北京市版权局著作权合同登记号：01-2019-0382

图书在版编目（CIP）数据

我的早餐花园/（日）未来著；清水优香译. —北京：化学工业出版社，2019.1
ISBN 978-7-122-33361-2

Ⅰ．①我… Ⅱ．①未… ②清… Ⅲ．①食谱 Ⅳ．①TS972.12

中国版本图书馆CIP数据核字（2018）第279883号

责任编辑：丰　华　李　娜　　　　　文字编辑：李锦侠
责任校对：边　涛　　　　　　　　　整体设计：北京东至亿美艺术设计有限责任公司

出版发行：化学工业出版社（北京市东城区青年湖南街13号　邮政编码 100011）
印　　装：北京尚唐印刷有限公司
710mm×1000mm 1/16　印张12　字数300千字　2019年8月北京第1版第1次印刷

购书咨询：010-64518888　　　　售后服务：010-64518899
网　　址：http://www.cip.com.cn
凡购买本书，如有缺损质量问题，本社销售中心负责调换。

定　　价：68.00元　　　　　　　　　　　　　　　版权所有　违者必究

· 序言 ·

希望每天的早餐都像花园一样美丽。

我以前很喜欢边吃美食，边给美食拍照。
也是由于这个原因，
我才开始在 Instagram 上记录自己的早餐。

当看到有人评价说"看起来好好吃"的时候，真的很开心。
于是在持续更新早餐图片的过程中，
想着什么时候可以编成一本书就好了……
就在那个时候，有个声音出现了，把我的梦想变成了现实。

这本书主要介绍了开放式三明治、英式松饼、吐司和传统三明治
这四种类型的家庭早餐食谱。
过程不会太烦琐，但也需花些功夫。
花点儿心思，每天的早餐都如盛开的花园般给你美丽的心情。

在此我要感谢担任此书编辑的松田纱代子小姐，
还有负责图书设计的林爱、照元萌子，以及负责印制的各位同事（日文原版），
更要感谢我的家人和朋友，以及我的粉丝们。
真的非常感谢你们。

希望这本书也能为您的家中早餐带来一些小小的启发，
陪伴您度过每一个愉快幸福的早餐时光。

· 目录 ·

第一章

开放式三明治
― OPEN SANDWICH―

第二章

英式松饼
— PANCAKE —

第三章

吐司
— TOAST —

第四章

三明治
― SANDWICH ―

最喜爱它的简单做法和可爱外形！

只需将食材放在面包上，

简单极了，

看起来又可爱，

因此超爱开放式三明治。

由于太喜欢了，

所以在 Instagram 上专门开设了

"开放式三明治研究部"的专栏，

每天都在研究更美味的搭配。

我的早餐花园

— 第一章 —

开放式三明治
- OPEN -
SANDWICH

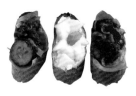

1

草莓奶油芝士
开放式三明治
— OPEN SANDWICH —

 搭配

红提子

酸奶加果酱

太妃糖

干无花果

奶茶

 做法

将山形吐司面包片用面包机烤一下，涂上奶油芝士，将草莓横着切成圆片放在面包片上，再根据喜好淋上蜂蜜。

miku's memo

想呈现出草莓漂亮的红色，所以将草莓横切成圆片。

果酱：我用的是梨子红茶酱，果酱完美地融合了格雷伯爵红茶的香气和甜菜糖的温润甘甜，非常美味。

太妃糖（Toffee）：指下面为焦糖、上面为巧克力和各种馅料做成的糖果。冰镇后口感更松脆。

2

鹌鹑蛋南瓜

开放式三明治
— OPEN SANDWICH —

 搭配

生菜

圣女果

紫甘蓝

牛油果

甜杏仁

红茶

做法

准备 2 片迷你吐司，放入面包机烤一下。在其中一片上放上鹌鹑蛋做的太阳蛋，另一片上放上南瓜泥，再撒上欧芹碎，然后连同其他蔬菜和甜杏仁一起装在 1 个大盘子里，做成拼盘的样子。

miku's memo

牛油果：带皮切成圆环状，切的时候当刀碰到核时，就沿着核的轮廓绕着切，等切到核露出来的时候，把核取出，最后去皮。这种方法能切出近正圆形的牛油果片。

南瓜泥：将南瓜子去掉，放入微波炉加热到软熟后去皮，趁热用勺子捣碎，晾凉后加入蛋黄酱搅匀即可。

第一章

3

燕麦
开放式三明治
— OPEN SANDWICH —

🧤 搭配

草莓

香蕉

酸奶加奇异果丁

奶茶

🍴 做法

天然酵母吐司面包切片，用面包机烤一下，

涂上奶油芝士，撒上燕麦及各种果干。

香蕉只剥去一半皮，留另一半。

将香蕉果肉取出切成片后再放回另一半皮里。

miku's
memo

天然酵母吐司面包：口感松脆，特别好吃。也可根据喜

好在吐司上淋上蜂蜜。

Today's Open Sandwich
Sweet bean paste (with Rum)
×
Butter.

4

朗姆酒豆沙黄油

开放式三明治
—— OPEN SANDWICH ——

 搭配

草莓

做法

将法棍纵向劈开，横向切半，放入烤箱烤一下。

将朗姆酒加入市售的粗粒红豆沙中，搅拌均匀备用。

将黄油片铺在烤好的法棍上，再抹上朗姆酒红豆沙即可。

miku's
memo

对于不善饮酒的人，不加朗姆酒味道也会很好。

芬兰"Iittala Kastehelmi"的露珠碗可以将草莓的倩影美美地映照出来。

5

苹果卡蒙贝尔奶酪
开放式三明治
─ OPEN SANDWICH ─

🧤 搭配

自制燕麦

草莓

奶茶

🍴 做法

取 1 片切片吐司面包 ，将新鲜苹果切薄片，和卡蒙贝尔奶酪 ❷ 一起放在面包片上，再放入烤箱烘烤，最后可根据喜好淋上蜂蜜或者橄榄油。

miku's memo

荷兰品牌"LODGE"的铸铁煮锅（5in，1in=2.54cm）大小很适合 1 个太阳蛋。作为食物器皿直接放在餐桌上很漂亮。

焦糖苹果搭配香草冰激凌，超甜蜜的组合。
焦糖苹果的做法是在平底锅中加入砂糖和水，开火煮到糖水的颜色变成茶色后关火，加入黄油搅拌使之熔化在焦糖里，将苹果切成弓形放入锅中，再次开火，让苹果均匀地蘸满焦糖后关火。

自制燕麦：里面含有燕麦片、白芝麻、黑芝麻、全麦粉、太白芝麻油（可用橄榄油代替）、坚果、干无花果和蜂蜜等。

---

❶ 吐司面包：日本面包店卖的切片吐司面包一般有 4 种厚度包装，5 片装厚度 25mm/ 片；6 片装厚度 20mm/ 片；8 片装厚度为 15mm/ 片；12 片装厚度 10mm/ 片。

❷ 卡蒙贝尔奶酪（Camembert）：是一种以地名命名的奶酪，属于白霉奶酪，仅以牛奶制作而成，属于花皮软质奶酪。因其易于在高温下熔化，适合烹饪菜肴，也可以佐酒直接食用。

6

水果、苹果卡蒙贝尔奶酪
开放式三明治
OPEN SANDWICH

 搭配

沙拉

格雷伯爵红茶曲奇

红茶

做法

迷你吐司面包取出1片，烤一下。

涂上奶油芝士，放上切好的水果。

再取1片，先放上苹果薄片和卡蒙贝
尔奶酪，再放入烤箱烘烤一下。

最后撒上黑胡椒即可。

miku's
memo

本节介绍的两款三明治中，任何一款淋上蜂
蜜味道都会很好。

我一般常用加拿大产的蜂蜜，奶油芝士则一
直用卡夫菲力的。

7

水果

开放式三明治
— OPEN SANDWICH —

 做法

将草莓、香蕉、奇异果、橙子横向切圆片备用。

在吐司面包片上涂上奶油芝士。

依次放上不同的水果。

再用刀将三明治切成易入口的大小。

最后淋上蜂蜜。

miku's
memo

排列水果的时候：要尽量紧凑，不要留有空隙，做出来的效果才会漂亮。比较小的空白处，可以放上蓝莓填补一下。

切三明治的时候：可以切成均等的 4 份，也可以斜着切成 2 等份。

8

无花果奶油芝士
开放式三明治
—— OPEN SANDWICH ——

🧤 搭配

巨峰葡萄

奶茶

🍴 做法

取 1 片切片吐司面包，涂上奶油芝士。

将新鲜无花果切片，和蓝莓一起放在面包上。

miku's
memo

无论是甜度被牢牢锁在里面、味道浓郁的无花果干，还是软糯得叫人欲罢不能的新鲜无花果，都超爱。最喜欢的是土耳其产的大颗粒无花果。

根据喜好浇上蜂蜜味道也很棒。

盘子是普通市售的，然后自己 DIY 用陶瓷专用记号笔在盘子上写字做成的，制作过程也相当有趣。

—   —

 搭配

酸奶加自制燕麦和香蕉
巨峰葡萄
奶茶

✗ 做法

取 1 片切片吐司面包，放入烤箱烤 4~5 分钟，
涂上奶油芝士，再放上去皮切好的橙子。
撒上干罗勒碎和黑胡椒即可。

miku's
memo

小心地剥去橙子的白色包衣，看起来会比较漂亮。橙子、
干罗勒碎和黑胡椒的组合会让你上瘾。

餐盘用的是瑞典品牌 Rörstrand 的 MonAmie 系列。
蓝色的小花特别可爱，和橙子的颜色也很搭。

10

丹麦草莓奶油芝士
开放式三明治
— OPEN SANDWICH —

 搭配

奶茶

胡萝卜苹果汁

✗ 做法

丹麦巧克力面包稍微烤一下，涂上奶油芝士。
铺上切好的草莓，再取一点绿色的鲜薄荷叶
放在上面作为色彩点缀。

miku's
memo

很喜欢草莓和奶油芝士的美味组合，每到吃草莓的
季节就会经常这样搭配着吃。

胡萝卜苹果汁：是除了冬天以外，每天早上必喝的
果汁。把苹果去核切块后和胡萝卜、柠檬汁、水一
起放进料理机里打成果汁即可，做法简单。

丹麦巧克力面包：是在 7-11 便利店里买的丹麦巧
克力面包。据说这款产品仅限日本关西地区销售。

南瓜泥核桃、奶油芝士无花果
开放式三明治
OPEN SANDWICH

 搭配

阳光玫瑰葡萄

曲奇

红茶

做法

英式马芬 ❶ 沿着厚度劈成两片。

然后放入烤箱略微烤上色后取出。

其中一片涂上南瓜泥，再将核桃肉掰成小粒撒上。

最后放上欧芹碎作为颜色点缀。

另一片涂上奶油芝士，再将切好的无花果片放上。

miku's
memo

无花果开放式三明治可以根据喜好淋上蜂蜜，也很美味。

曲奇：可爱的脸形曲奇搭配枫糖温润甘甜的滋味，非常有治愈感。

---

❶ 英式马芬（English Muffin）：并不是我们熟悉的用泡打粉或小苏打做成的马芬，而是用酵母制成的一种面包。麦满分就是用的英式马芬。

金枪鱼牛油果、意大利番茄罗勒蒜烤面包

开放式三明治
——— OPEN SANDWICH ———

搭配

无花果

阳光玫瑰葡萄

巨峰葡萄

红茶

做法

先将切成薄片的法式乡村欧包❶ 取 2 片放入烤箱烤一下。

牛油果切成类似骰子的方形，和罐头金枪鱼肉、蛋黄酱、盐混合拌匀备用。

在其中一片欧包上放上事先准备好的Bruschetta❷浇头。另一片欧包上涂上金枪鱼肉和牛油果混合酱。

再将黄瓜刨成薄片，卷起来装饰在最上面。

miku's memo

非常喜欢将法式乡村欧包切成薄片，然后烤得脆脆的。

卷卷的黄瓜条是这款三明治的魅力点所在。

---

❶ 法式乡村欧包：法语 Pain de campagne，一种由天然酵种发酵的面包。

❷ Bruschetta：意大利烤面包片，作为意大利美食中最常见的一道前菜，通常的做法是表面涂橄榄油，然后搭配番茄丁，最后加上新鲜的罗勒叶碎。

13

柿子芝士
开放式三明治
— OPEN SANDWICH —

🧤 搭配

小号的罐装沙拉
（黄瓜、白萝卜、胡萝卜、圣女果、生菜）

酸奶加无花果干

葡萄

红茶

🍴 做法

柿子切成薄片后铺在迷你吐司面包片上。

撒上比萨用芝士，用烤箱烤一下。

最后撒上黑胡椒，再淋上橄榄油。

miku's
memo

沙拉盛放在"weck"的玻璃罐里面，瞬间有咖啡馆风的
既视感。

椭圆形餐盘是井山三希的作品，很喜欢也很好用。

14

南瓜芝士
开放式三明治
— OPEN SANDWICH —

🧤 搭配

沙拉
酸奶加葡萄柚和香蕉

🍴 做法

将南瓜放入微波炉里热到软熟。
铺在山形吐司面包片上。
铺上比萨用芝士，放入烤箱烤一会儿。
最后撒上黑胡椒。

miku's memo　桌布是"Yumiko Iihoshi"的。无论是格子的图案，
还是颜色，都很好搭配，使用频率也极高。

面包沙拉
开放式三明治
— OPEN SANDWICH —

🧤 搭配

阳光玫瑰葡萄

巨峰葡萄

奶茶

🍴 做法

吐司面包取 1 片，中间掏空，留下边框部分，掏出的面包用曲奇模具印出可爱的形状，和边框部分一起放入烤箱烤一下。

然后把边框部分当作餐盘，将水煮蛋、生菜、土豆沙拉、黄瓜、火腿、圣女果依次摆放在被掏空的部分里。

最后把用曲奇模具印出的可爱形状的面包也放上。

miku's
memo

使用各种形状的曲奇模具，会更加有趣。

放生菜的时候，让生菜飘出边框一点会增加沙拉的数量感。沙拉若使用明太子土豆沙拉或是南瓜沙拉等，味道也会很不错。

16

鸡蛋蔬菜、牛油果芝士

开放式三明治
—— OPEN SANDWICH ——

 搭配

草莓

红茶

✂ 做法

西蓝花分成小簇，和切成圆片的胡萝卜一起用盐水煮一下。煮好后，将胡萝卜用曲奇模具切成可爱的形状。

水煮蛋切成6等份。取2片吐司面包，放上易熔化的芝士片，放入烤箱烤一下。烤好后取其中一片，放上水煮蛋、对半切的圣女果和蔬菜。

另一片放上牛油果片和比萨用芝士，再放入烤箱烤一会儿，最后撒上粉红胡椒。

miku's memo

若没有粉红胡椒，用黑胡椒也可以。我一般会在牛油果上浇上特级初榨橄榄油。这次用了两只不同颜色的"Yumiko Iihoshi"的餐盘来盛放这对三明治。

17

意大利番茄牛油果蒜烤面包

开放式三明治
—————— OPEN SANDWICH ——————

做法

番茄和牛油果都切成 1cm 见方的丁。

牛油果浇上柠檬汁保色备用。

准备 1 个大碗，放入番茄丁、牛油果丁、
再加入适量橄榄油和椒盐，拌匀。

法棍纵向劈开，横向切半，放入烤箱
烤一下后铺上新鲜罗勒叶。

再将番茄和牛油果混合的 Bruschetta
浇头放在上面。

miku's memo 如果喜欢享受法棍松脆的口感，可以在每次
吃之前再放上番茄牛油果。

18

鸡蛋牛油果
开放式三明治
— OPEN SANDWICH —

 搭配

酸奶加香蕉和蜂蜜

People Tree 的巧克力

奶茶

做法

取 1 片吐司面包，将中间压至略凹陷。

放入平底锅中，在面包中间打 1 个鸡蛋，盖上锅盖小火慢煎。当蛋黄半熟的时候关火。

将切片后的牛油果围着鸡蛋铺在面包上，再放入烤箱烤一下。

最后挤上奥罗拉酱 ❶（Sauce Aurore）。

miku's memo

People Tree 的巧克力：很好吃，根据口味不同包装也不同，特别可爱。推荐作为礼物。

最喜欢太阳蛋半熟的口感。

---

❶ 奥罗拉酱：通常日本人所说的奥罗拉酱和法国的不同，它是由蛋黄酱和番茄酱按 1：1 的比例混合调配而成的酱料。

19

法式胡萝卜沙拉
开放式三明治
—— OPEN SANDWICH ——

🧤 搭配

嫩叶蔬菜和生菜的绿色蔬菜沙拉

卡蒙贝尔奶酪

甜杏仁和核桃

奇异果

巨峰葡萄

奶茶

🍴 做法

烤马芬沿着厚度切成两半，放入烤箱烤至略上色。

在一半烤马芬上涂上橄榄油。

再放上法式胡萝卜沙拉。

miku's
memo

烤马芬：马芬上的小熊图案烙印是其魅力所在，普通的烤马芬也是可以的，不影响口感。

法式胡萝卜沙拉：做法是将胡萝卜擦成细丝，撒少许盐，用手抓匀。等胡萝卜丝变软后加入醋（若有白醋则更好）、胡椒和橄榄油。也可以挑战性地放入蜂蜜和带芥末籽的法式芥末酱，还可以放入葡萄干或核桃碎，都会很好吃，我还喜欢放葡萄柚。

第一章

20

法式烤干酪
开放式三明治
— OPEN SANDWICH —

 搭配

梨 / 巨峰葡萄

嫩叶蔬菜、圣女果

土豆沙拉

牛奶咖啡

做法

取 1 片山形吐司面包，将中间压至略凹陷。将芦笋入水焯一下，焯好后置于吐司上，浇上法式白酱 ❶ 和比萨用芝士。

放入烤箱烤一下，再撒上黑胡椒。

miku's memo

盛牛奶咖啡使用的是"Arabia"咖啡杯，很喜欢它茶色和黄色的色彩搭配。

---

❶ **法式白酱**：是法国料理的基础酱汁之一，制作简单，运用广泛。主料由面粉、牛奶、盐和胡椒制作而成。

21

牛油果鸡蛋
开放式三明治
— OPEN SANDWICH —

搭配

草莓

酸奶里放自制燕麦

蓝莓、芒果

奶茶

做法

牛油果切成 1cm 见方的丁。

水煮蛋如图切成 6 等份。

取 1 片吐司面包，放入烤箱烤一下。

放上切好的水煮蛋和牛油果。

再淋上奥罗拉酱，撒上黑胡椒。

miku's memo　可以用比萨用芝士代替奥罗拉酱，烤出来的味道也很好。

牛油果
开放式三明治
— OPEN SANDWICH —

🥄 搭配

水煮蛋和圣女果沙拉
甜杏仁
卡蒙贝尔奶酪
法式胡萝卜沙拉
苏打水加奇异果、橙子和薄荷

✂ 做法

先将切成薄片的法式乡村欧包放入烤箱烤一下。
铺上牛油果，最后撒上黑胡椒。

miku's
memo

这次做了一个大拼盘，饮料装在布鲁克林饮料罐
（Brooklyn Jar）里，感觉很有咖啡馆风。

23

节瓜芝士
开放式三明治
— OPEN SANDWICH —

搭配

香肠

绿色蔬菜沙拉

酸奶加香蕉

圣女果

红茶

做法

节瓜切圆片，用橄榄油炒至微上色。

取1片吐司面包放入烤箱烤一下，烤到一半时摆上节瓜和比萨用芝士，继续烤至芝士熔化即可。

miku's memo

摆放节瓜片的时候，一层叠一层的重叠式摆放会增加视觉上的数量感。

比萨用芝士要烤到上色后吃起来才会很香，而且看起来也会更加美味。

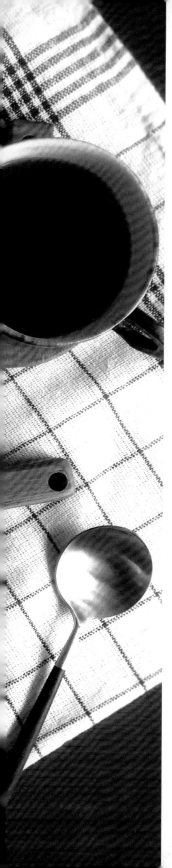

24

黄瓜
开放式三明治
— OPEN SANDWICH —

🧤 搭配

酸奶加自制燕麦
红茶

🍴 做法

取 1 片吐司面包放入烤箱烤一下。将黄瓜用刨子刨成薄片。
然后纵横交错地摆放在吐司面包上。
淋上橄榄油，最后撒上黑胡椒。

miku's memo

如果有时间，可以把长长的黄瓜片编织起来，看起来效果会很有趣。虽然做法简单，但味道却好得让你停不下来。

25

鸡蛋沙拉
开放式三明治
— OPEN SANDWICH —

🧤 搭配

奇异果

圣女果

酸奶加自制燕麦

奶茶

🍴 做法

把水煮蛋去壳后切成小丁，加入蛋黄酱和椒盐拌匀成鸡蛋沙拉。

把切成吐司片的法式乡村欧包烤好后涂上橄榄油。

将前面拌好的鸡蛋沙拉涂在面包片上。

miku's
memo

加入西芹碎可以很好地增添色彩。鸡蛋沙拉里加入切碎的黄瓜丁和洋葱丁，味道也会很棒。

每次一看到有无花果或者核桃的法式乡村欧包，就一定会买回家。这个组合的味道是最棒的。

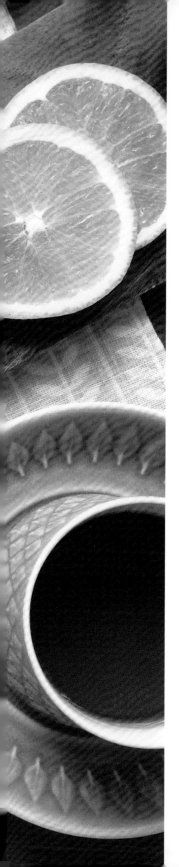

26

夏季蔬菜
开放式三明治
— OPEN SANDWICH —

搭配

橙子

酸奶加蜂蜜

红茶

做法

取 1 片吐司面包，涂上番茄酱。

将微微烤过的秋葵、圣女果、节瓜、茄子铺上。

最上层铺一层比萨用芝士，放入烤箱烤至芝士熔化即可。

miku's
memo

不局限于夏天的蔬菜，也可以加入烤过的培根、彩椒、杏鲍菇、蟹味菇等，都会很好吃。

蔬菜略重叠着摆放能增加视觉上的数量感，看起来也会更加美味。

牛油果生火腿、牛油果芝士

开放式三明治
—— OPEN SANDWICH ——

 搭配

红茶

做法

取1片切成吐司片的法式乡村欧包放入
烤箱稍微烤一下。

铺上生火腿和牛油果，将带有芥末籽的
法式芥末酱、蛋黄酱和蜂蜜混合做成淋
酱浇在上面。

再取1片法式乡村欧包，上面铺上易熔
化的芝士片（若没有，用比萨用芝士代
替也可），然后放入烤箱烤至芝士片熔化。

最后铺上牛油果片，撒上几粒粉红胡椒
以增添色彩。

miku's
memo

牛油果要挑选表皮有弹性且富有光泽、果蒂
完好且无脱落的。若表皮是茶色的，则有可
能会马上坏掉，很难把握食用的时机。所以，
一般我会选择绿色果皮没太成熟的那种，然
后放在家里催熟。

28

茄子法式胡萝卜沙拉
开放式三明治
—— OPEN SANDWICH ——

🧤 搭配

阳光玫瑰葡萄

红茶

🍴 做法

茄子先放锅里用橄榄油煎一下。

取1片吐司面包放入烤箱烤一下，铺上生菜。

再放上煎好的茄子和法式胡萝卜沙拉。

淋上酸奶蛋黄酱。

最后撒上甜杏仁片。

miku's
memo   　甜杏仁片轻微烤一下，会使口感更加香脆。

茄子印度肉末咖喱牛油果
开放式三明治
OPEN SANDWICH

搭配

绿色蔬菜沙拉
圣女果

做法

法式乡村欧包切片。

取1片欧包涂上印度肉末咖喱（Keema Curry）。

再撒上比萨用芝士。

放入烤箱烤至芝士熔化。

再取1片欧包放入烤箱烤一会儿。

铺上牛油果片，撒上黑胡椒。

miku's
memo

在牛油果上铺上芝士烤一下会很好吃。吃的时候
也可根据个人喜好淋上橄榄油。

若没有印度肉末咖喱，用普通咖喱替代也可以。

普罗旺斯炖菜、白桃
开放式三明治
—— OPEN SANDWICH ——

 搭配

苏打水加柠檬片、薄荷叶

做法

法棍切出 3 片，放入烤箱烤一下。

将其中 2 片涂上橄榄油，垫上新鲜的罗勒叶，
铺上普罗旺斯炖菜 ❶。

另外 1 片上涂上奶油芝士，放上切好的白桃
丁，再放上 1 片新鲜薄荷叶作为点缀。

miku's
memo

白桃果肉上刷上新鲜的柠檬汁，可使白桃果肉不容
易被氧化变色。

木菜板是在位于日本大阪鹤桥的面包专卖店"Le
BRESSO"里买的。在这家店里，实际使用的东西
都有销售，店内的氛围也很棒。

———————————————

❶ 普罗旺斯炖菜（Ratatouille）：法国南部的一道名菜，标配
材料有番茄、茄子、青椒等，用橄榄油和大蒜把蔬菜炒出香味，
待蔬菜析出水分，利用这些水分炖煮出独特的味道。

31

任选
开放式三明治
— OPEN SANDWICH —

🧤 搭配

红茶

🍴 做法

法棍切片后放入烤箱烤一下备用。

将南瓜沙拉、意大利番茄罗勒酱、金枪鱼沙拉铺
在面包片上。

再放上一些您喜欢的食材即可。

miku's memo

南瓜沙拉：南瓜去子去蒂，包上保鲜膜放入微波炉加热
到熟软后去皮，趁余热将其捣碎，待冷却后放入葡萄干、
椒盐、蛋黄酱调味拌匀即可。

意大利番茄罗勒酱：番茄切成 1cm 见方的丁，然后和
椒盐、罗勒（新鲜或者干燥的都可以）、特级初榨橄榄
油混合拌匀。

金枪鱼沙拉：黄瓜切薄片，撒上一点盐用手揉搓一下，
打开金枪鱼罐头，把里面的汁水去掉，只取鱼肉和黄瓜
片一起放入一个碗里，再加入蛋黄酱和椒盐调味，搅拌
均匀即可。

由于工作的关系，收到红色的 Cocotte 锅，这次拍照试
着将它们摆放在了一起。使用的餐盘和杯子也都是成套的。

miku 喜爱的小物 1

为了给早餐增添色彩，它们是功不可没的配角

喜欢收集可爱、好用且温暖的物件。
按照这个条件找寻，我发现了自己真正喜爱的物品。
它们让我每天的早餐时光都熠熠生辉。

菜板 Cutting Board

1	2	3	4	5

1. 装摆一些小点心和面包时使用。材质是核桃木，小泽贤一的作品。 2. 摆大拼盘时使用，尺寸正好。材质是核桃木，小泽贤一的作品。 3. 可以放果酱和小碟子的小菜板。材质是樱桃木，汤浅 Roberto 淳（Yuasa Roberto Jun）的作品。 4. 跟"Le BRESSO"店使用的菜板同款。吐司面包放在上面立刻美成一幅画。 5. 刀刻痕迹特别美的一块菜板。材质是核桃木，高塚和则的作品。

刀叉 Cutlery

1	2	3	4	5	6

1. 甜点勺。喝酸奶的时候使用率最高的勺子。葡萄牙品牌"Cutipol"GOA 系列。 2. 甜点刀。特别轻便好拿。葡萄牙品牌"Cutipol"GOA 系列。 3. 甜点叉。纤细的线条特别美。葡萄牙品牌"Cutipol"MOON系列。 4. 甜点叉。无论搭配什么餐具都可以，非常实用。葡萄牙品牌"Cutipol"GOA 系列。 5. 甜点刀。正好的重量和漂亮的设计，特别令人着迷。葡萄牙品牌"Cutipol"MOON 系列。 6. 甜点勺。最前端的勺头是正圆形的，特别可爱。葡萄牙品牌"Cutipol"MOON 系列。

杯垫 Coaster

1. "DEKORAND"的毛毡球杯垫（multi）2 片组。对它们一见钟情，所以买下了。 2. 在杂货店看到的羊毛毡杯垫。喜欢它粉粉嫩嫩的颜色，让人看着很舒服。 3. 这个杯垫有自然的粗棒编织感，所以很可爱。"fog linen work"的亚麻编织带杯垫。 4. 朋友亲手为我制作的茶壶垫。选了我中意的颜色并织成了我喜欢的图案。感谢！ 5. 这个木杯垫有时也会被当作餐盘装点心。材质樱桃木，汤浅 Roberto 淳（Yuasa Roberto Jun）的作品。 6. 有厚度，是感觉特别牢固的杯垫。材质核桃木，小泽贤一的作品。

小盘子 Small Plates

1. 适合装少量的点心和水果。井上三希子做的猿山碟（小）。　2. 纤细的模样特别可爱。Yoshizawa 窑的益子烧蕾丝盘（椭圆）。　3. 是作为取菜盘大小也很合适的盘子。Yoshizawa 窑的益子烧蕾丝盘（小）。　4. 和任何盘子都很容易搭配的，Yumiko Iihoshi 的小鸟点心盘（白）。　5. 用来作筷架也很好，装日式点心也不错。Yumiko Iihoshi 的小鸟点心盘（青金兰）。　6. 专卖店限定色。Yumiko Iihoshi 的小鸟点心盘（深粉红）。　7. 除了和锅搭配使用以外，也可以盛放酸奶和汤。石岗信之的作品——云朵小钵。　8. 无论放什么都能美成一幅画的小蝶。井上三希子的作品，白色椭圆盘。　9. 颜色好美，里面装橙子可以衬得特别漂亮。井上三希子的作品，水色椭圆盘（小）。10. 就如露水之水滴的意思一样，熠熠生辉的美，令人印象深刻。"Iittala Kastehelmi"露珠盘（灰色）。　11. 北欧 Vintage，有可爱的叶子图案，颜色也特别喜欢。Jens.H.Quistgaard 的 Relief 系列小碟。　12. 有种餐垫质感的信乐烧。作为蛋糕盘尺寸大小很合适。加藤益造制作的花形碟（黑，白）。

每到周末
都会想做英式松饼

可以在松饼上放各种时令水果，
松饼本身可以做得薄一点，也可以做得厚一点，
又或者干脆把松饼卷起，
这都取决于当日的心情。
超级喜爱英式松饼，
下次想挑战做绵软的舒芙蕾松饼。

我的早餐花园

—— 第二章 ——

英式松饼
- PANCAKE -

1

柠檬和香草香肠太阳蛋

英式松饼
—— PANCAKE ——

 搭配

彩椒和生菜、紫甘蓝沙拉
圣女果
酸奶加草莓和燕麦
红茶

做法

先把香肠煎好，然后将香肠和太阳蛋依次放在松饼上。

miku's
memo

盛红茶的杯子上有一个数字"9"，我是在9月出生的，所以就把它买回来了。特别喜欢这个杯子的手柄和白底蓝灰色字体的可爱搭配。

煎太阳蛋的时候，不盖盖子，小火慢慢地煎，蛋黄就能做出半熟的效果。

2

草莓可可
英式松饼三明治
—— PANCAKE ——

🧤 **搭配**

草莓

🍴 **做法**

在松饼预调粉（pancake mix）中加入可可粉，用硅胶模具烤出松饼，然后横向对半一切为二，中间夹上鲜巧克力奶油和草莓片。

将蕾丝镂空纸放在松饼上，再撒上糖粉，就会形成漂亮的白色蕾丝图案。最后放上草莓。

取一个盘子，先淋上巧克力酱做出图案造型，然后再放上松饼。

miku's memo

在撒糖粉的时候，如果没有蕾丝纸，也可以自己在纸上剪出喜欢的图案，用它来代替蕾丝纸，又或者用餐叉做出叉子的形状，也很有趣。

淋上巧克力酱的盘子，选择大一点的会比较好做造型。

第二章

3

烤苹果
英式松饼
—— PANCAKE ——

🧤 搭配

卡蒙贝尔奶酪

绿色无籽葡萄

红茶

✕ 做法

先将酸奶松饼烤一烤。

再将红玉苹果切成薄片，用椰子油煎一下。

将煎好的苹果片铺在烤好的松饼上。

miku's memo

酸奶松饼：做酸奶松饼时，要先将鸡蛋、牛奶和酸奶进行充分搅拌，直至拌匀。之后再加入松饼预调粉时就不会造成过度搅拌（影响口感）。这样做出来的松饼会特别松软可口。

芬兰陶瓷"Arabia"的 Paratiisi 硕果系列餐盘（黑色）是收到的礼物。我会经常将它跟已有的 Paratiisi 硕果系列咖啡杯（紫色）一起使用。很喜欢这个盘子。

4

草莓奇异果

英式松饼
— PANCAKE —

🧤 搭配

法式牛奶咖啡

🍴 做法

英式松饼上浇上蜂蜜，将切好的草莓和奇异果摆上，最后撒上糖粉。

miku's
memo

煎松饼时，每次将平底锅放在湿抹布上降一下温，之后再倒入松饼面糊，煎出的松饼颜色会比较统一。

切草莓时，我曾试着纵切，也试过横切，抱着玩的心态，尝试了各种切法。

这次用的是近期最常用的大谷哲也的盘子和咖啡杯。无论是它简单漂亮的设计，还是贴合在手上的温润的触感，都很喜欢。

5

阳光玫瑰葡萄
英式松饼三明治
—— PANCAKE ——

✂ 做法

先用硅胶模具烤出厚松饼。

然后将松饼横向一切为二，在第一层浇上酸奶油。

再放上切好的阳光玫瑰葡萄，第二层重复第一层的操作。

最后撒上糖粉，点缀上新鲜薄荷叶。

miku's memo　餐叉用的是葡萄牙品牌"Cutipol"。由于这个品牌的餐具设计时尚，所以一直很爱用。

6

草莓葡萄
厚英式松饼
— PANCAKE —

🧤 搭配

红茶

🍴 做法

先用硅胶模具烤出厚松饼。

然后将两块松饼稍微错开地叠放在盘子里，撒上
糖粉。

最后放上切好的草莓和葡萄。

mikuʼs
memo 安藤雅信的茶杯是朋友转让给我的，圆圆的造型很可爱。

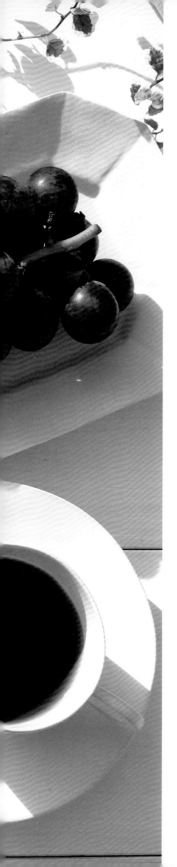

7

无花果蜂蜜
英式松饼
—— PANCAKE ——

🧤 **搭配**

巨峰葡萄

奶茶

🍴 **做法**

在松饼上淋上蜂蜜，然后放上切成片的无花果。

*miku's
memo*

蜂蜜一般是买加拿大产的，但也喜欢风味浓郁的阿根廷产的 Costco 蜂蜜。可以将喜欢的坚果放进去，做成蜂蜜渍会特别美味。

由于天气很好，所以把餐桌搬到院子里吃早餐了。

栗子

厚英式松饼
— PANCAKE —

✂ 做法

先用硅胶模具将厚松饼烤好。

接下来将栗子涩皮煮 ❶ 切碎，与发泡奶油混合，备用。

将两块烤好的厚松饼叠放在盘子里，再放上刚做好的栗子奶油混合物，将核桃肉切碎后撒上即可。

miku's
memo

栗子涩皮煮是朋友亲手做的。又大又有光泽的栗子特别好吃。

将切好的栗子涩皮煮和发泡奶油混合后夹在两块松饼中间，应该也会很美味。

---

❶ 涩皮煮：在日本，栗子的涩皮煮和甘露煮都相当有名。主要是用糖煮制而成。在制作过程中，先不去掉栗子薄皮的（后面的步骤会去掉皮），叫涩皮煮，先去皮的叫甘露煮。不管一开始去不去皮，最后的成品都是已经去掉皮的糖煮栗子。

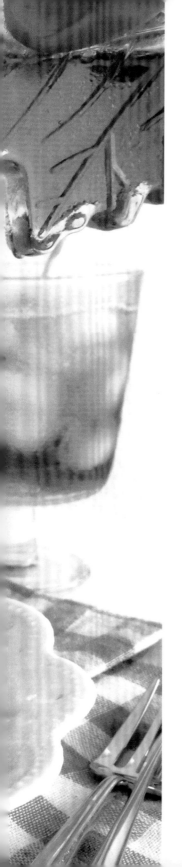

9

草莓蓝莓
厚英式松饼
—— PANCAKE ——

 搭配

冰红茶

✗ 做法

先用硅胶模具烤好厚松饼。

将烤好的松饼叠放在盘子里，撒上糖粉，再放上
草莓、蓝莓、发泡奶油。

最后装饰上新鲜薄荷叶。

miku's memo

将松饼面糊倒入模具时，面糊高度应维持在模具高度的
一半左右。面糊里加入酸奶会使成品更具弹性，烤出来
的松饼特别松软美味。

10

Cocotte 锅烤
英式松饼
—— PANCAKE ——

🧤 搭配

红茶

🍴 做法

将松饼面糊倒入耐热的 Cocotte 锅，放入烤箱烤熟。烤好后稍微放凉一些，撒上糖粉。挤上发泡奶油，放上覆盆子、草莓、蓝莓和薄荷叶。

miku's memo

这个菜谱是参考了 @utosh 的方子。若用烤箱烤，全程不用管，很方便。外观可爱又时尚，所以我也试着做了。

可以将可可粉加入松饼面糊中，变成可可松饼。也可以在松饼上涂上鲜巧克力奶油，再放上橙子等也会很美味。直接放上巧克力块应该也不错。

11

草莓
英式松饼卷
── PANCAKE ──

✂ 做法

将松饼做得很薄，然后卷成蛋卷的形状。将做好的松饼卷并列放在盘子里。浇上枫糖，撒上糖粉，再放上酸奶油和草莓。

miku's memo

用冰激凌替代酸奶油或是在卷松饼的时候放点发泡奶油和水果一起卷，也会很美味。特地选了一个白色的盘子，来映衬清新的红色草莓。

白桃蓝莓
厚英式松饼
—— PANCAKE ——

✴ 做法

先用硅胶模具烤好厚松饼。

然后将白桃切好并浇上柠檬汁。

将烤好的松饼取出装盘，放上白桃和蓝莓，最后
装饰上新鲜的薄荷叶。

miku's memo

白桃：最喜欢日本冈山产的。由于有亲戚在冈山，所以
每年都在暗自期待。

无花果葡萄
英式松饼三明治
— PANCAKE —

✂ 做法

用硅胶模具烤好厚松饼。

然后横向对半切开。

取一半松饼放在盘子里，涂上发泡奶油，放上切好的葡萄。

再将另一半松饼盖上，再挤上发泡奶油，摆上切好的无花果。

最后装饰上新鲜薄荷叶。

miku's memo

"minä perhonen"家的可爱盘子会让早餐时的心情大好。除了早餐，还会经常用它来盛装点心。

第二章

14

白桃酸奶
英式松饼
— PANCAKE —

搭配

桃子冰红茶

做法

先煎好酸奶松饼。

之后将松饼叠放在盘子里。

然后挤上发泡奶油，放上切好的白桃。

最后作为色彩点缀，放上新鲜薄荷叶。

miku 喜爱的小物
2

杯子和桌布谱出精彩的乐章，是最幸福的时刻

每天喝红茶时，会根据心情选择杯子。
餐桌上不可或缺的桌布，也会根据当日的料理，
选择能凸显出食物主题的那块。
每天都被这些喜爱的物品包围着吃早餐，是最幸福的时刻。

杯子 Cups

1. 朴素且温暖的杯子，而且很结实。"Arabia"的 Ruska 系列茶杯。 2. 俯看是水滴形状，把手很有个性。粗颗粒触感也是我喜欢的。安藤雅信的咖啡杯作品。 3. 杯子上心形的图案特别可爱。"Jens.H.Quistgaard"的 Cordial 系列咖啡杯。 4. 和 Ruska 的盘子超搭配的"Jens.H.Quistgaard"Relief 系列咖啡杯。 5. 可爱的把手，杯子尺寸跟手的大小非常适合。Yumiko Iihoshi 的作品 Unjour 系列 Nuit 杯子（象牙色）。 6. 萌萌的形状很可爱，安藤雅信的茶杯作品（Tuya）。 7. 手感很滑，嘴唇的触感也很好。安藤雅信的咖啡杯作品。 8. 造型干练简单，目前最爱用的大谷哲也的马克杯作品。 9. 看着蓝色的小花就能心情大好，瑞典品牌"Rörstrand"罗斯兰的 Mon Amie 浪漫仲夏系列马克杯。 10. 每次用这个杯子装满奶茶喝下，就会觉得好幸福。石岗信之的马克杯作品。 11. 很喜欢这个杯子的华丽图案和色彩搭配。"Arabia"的 Paratiisi 系列茶杯（紫色）。 12. 从侧面看感觉像一颗珠子，特别可爱。"minä perhonen"的 Beads 系列杯子和茶托。 13. 三种颜色排列在一起，可爱度倍增。"Marimekko"Pukett 系列的无把手咖啡杯。

桌布 Cloths

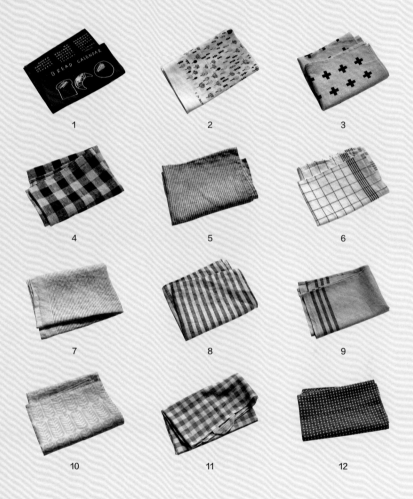

1. 这个图案的意思是爱面包爱得难以自持。"Fog Linen Work"的布日历系列（2015年）。 2. 大尺寸的手帕（森林）。吉祥寺的杂货店"CINQ"的原创手帕。还有鱼、虫和植物的图案。 3. 虽然简单，但很可爱的"LINAS"厨房桌布 4. "Fog Linen Work"的黑白格子桌布。布料很厚很结实。 5. "Fog Linen Work"的灰白条纹桌布。在"Fog Linen Work"的所有桌布中，这款可能是最常用的。 6. 在Natural Kitchen杂货店里发现的，既简单又好用的桌布。7. 喜欢这块桌布的配色和柔软的触感。"Lino E Lina"的Delphi（蓝黄）。8. 铺上这个，桌子就会变得很可爱。"Fog Linen Work"的红白条纹桌布。 9. 这块桌布的魅力点在它的3根红色条纹上。 10. 浅浅的颜色和简单的图案跟任何餐具都能很好搭配的"Zizi"的厨房桌布。 11. Yumiko Iihoshi的厨房桌布。虽然有好几个颜色，但这块灰色的使用率最高。 12. SASHIKO的风吕敷（包袱布），做日式搭配的时候会常使用。

稍微动手就能吃到好吃的吐司

用果酱、芝士甚至剩下的食材等，稍微动动手就能做出美味，
所以特别喜欢吐司。
今天要烤得重一点，还是轻一点？
对于味道已经很赞的面包房的面包，
简单的吃法足矣。

我的早餐花园

—— 第三章 ——

吐司
– TOAST –

1

花生酱香蕉
吐司
— TOAST —

🧤 搭配

草莓

巧克力

咖啡

🍴 做法

取 1 片吐司面包放入烤箱烤一下。

烤好后涂上花生酱，将香蕉切成圆片铺上。

可根据个人喜好淋上蜂蜜。

miku's
memo

巧克力：用的是比利时的"Café-Tasse"。这款黑巧克力跟咖啡的口感非常搭。

花生酱：喜欢用世界熟知的美国"SMUCKER'S"斯味可公司生产的。因为是无盐无糖的，不仅可以涂面包，还可以用来做拌菜。如果没有这个牌子的，用费列罗 Nutella 的巧克力酱代替也会很美味。

Today's
Breakfast.

2

比萨

吐司
— TOAST —

🧤 搭配

酸奶加香蕉

红茶

🍴 做法

取 1 片吐司面包，涂上番茄酱。

放上切成圆圈状的青椒和圆片状的圣女果。

再放上火腿片，撒上比萨用芝士。

放入烤箱烤至芝士熔化即可。

miku's
memo

今天使用的盘子、杯子和银色的杯垫都是 Yumiko
Iihoshi 家的。很喜欢象牙色餐盘的绝妙色调。把它们放
在黑板上是不是瞬间有了咖啡馆格调。

把玉米和洋葱作为比萨食材加入也会很美味。

3

法式
热吐司三明治
—— TOAST ——

🧤 搭配

巨峰葡萄

无花果

酸奶加市售的燕麦

奶茶

🍴 做法

取1片吐司面包，涂上法式白酱。

再铺上易熔化的芝士片（或用比萨用芝士也可），放入烤箱烤到芝士表面上色即可。

miku's
memo

法式白酱用市售的会比较方便和节约时间。

将稍微炒过的香菇或蟹味菇铺在吐司上，再放入烤箱烤也会很好吃。

4

马赛克芝士
吐司
—— TOAST ——

🧤 **搭配**

连枝圣女果

无籽葡萄

草莓

橙汁

🍴 **做法**

将易熔化的芝士片和车达芝士一起编织成马赛克的形状。铺在山形吐司面包上，放入烤箱烤一下。

miku's memo

杯子里插的纸吸管是黑白的格子图案，特别可爱。这次为了搭配马赛克图案，用了格子的。

编芝士的时候，即使稍微出现空隙也没有关系，因为后面烤的时候，芝士会熔化黏合在一起。根据喜好浇上橄榄油也会很美味。

5

棉花糖
吐司
— TOAST —

🧋 **搭配**

草莓

酸奶加自制燕麦片和奇异果

奶茶

🍴 **做法**

山形吐司面包稍稍烤一下。

将生奶油倒入锅中，开小火煮到快沸腾的时候立即关火，倒入切碎的巧克力，用余热将它们熔化并搅拌均匀。

涂在烤好的吐司上，铺上棉花糖，再次放入烤箱烤至棉花糖上色即可。

miku's memo

巧克力：若使用黑巧克力，就可以很好地跟棉花糖的甜度中和，口感会刚刚好。

棉花糖：使用大块的会比小块的做出来更可爱，吃起来口感也会更好。棉花糖很容易烤过火，所以放入烤箱后需要时刻观察上色情况，觉得可以了请立即关火。

6

无花果葡萄
法式吐司
—— TOAST ——

 搭配

红茶

做法

取 1 片吐司面包，浸泡在放了朗姆酒的鸡蛋液里。

用平底锅将面包两面煎至金黄色，做成法式吐司，浇上酸奶油。

放上切好的无花果和葡萄，最后淋上枫糖。

miku's memo

"minä perhonen" 的 tambourine 系列盘子和杯子是生日时收到的礼物。每次看到它们时都会想起生日时难忘的快乐时光。

7

黄油炒蛋嫩叶蔬菜
法式吐司
—— TOAST ——

🧤 搭配

无花果

奶茶

🍴 做法

取1片吐司面包做成法式吐司。

在吐司上面铺上西式黄油炒蛋和嫩叶蔬菜。

最后撒上芝士粉。

miku's
memo

为了搭配黄色的西式黄油炒蛋，特意配上了蓝色的桌布，这样法式吐司看起来会更加美味可口。

西式黄油炒蛋（Scrambled Eggs）：在鸡蛋液里加一点牛奶（如果有鲜奶油则更好）。先开中火热锅，将鸡蛋液倒入后马上改小火。慢慢地翻拌均匀，然后尽早离火，用余热就能做出鸡蛋半熟黏糊糊的口感。

8

肉酱芝士

吐司
— TOAST —

🧤 搭配

水煮蛋

法式胡萝卜沙拉

巨峰葡萄和阳光玫瑰葡萄

红茶

🍴 做法

将吐司面包竖着对半切成两份。

将其中一份涂上肉酱，撒上比萨用芝士，放入烤箱烤至芝士熔化，最后撒上新鲜欧芹碎作为色彩点缀。

另外一份吐司面包涂上黄油。

miku's memo

吐司面包：外面松脆里面绵弹，特别好吃。美味的面包就喜欢简单地就着黄油吃。

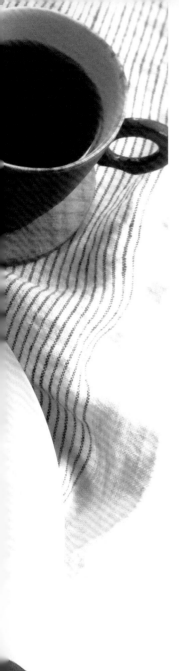

9

双芝士
吐司
— TOAST —

🧤 搭配

南瓜和樱桃萝卜沙拉

圣女果

香肠

巨峰葡萄

红茶

🍴 做法

取 1 片山形面包，将比萨用芝士和车达奶酪随意重叠地放在上面，放入烤箱烤至奶酪熔化，最后撒上黑胡椒。

miku's
memo

桌布用的是 "Lino E Lina" 的 Delphi（蓝黄）。特别喜欢这款蓝黄色的搭配。Yumiko Iihoshi 的 Unjour 大餐盘正好把所有东西都装下了。

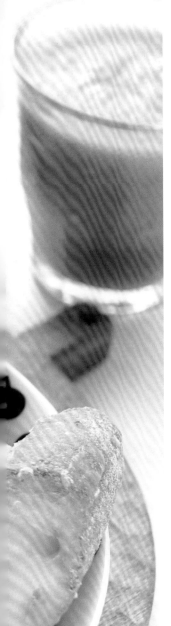

10

芝士法棍

吐 司
— TOAST —

搭配

香肠

嫩叶蔬菜

圣女果

太阳蛋

奶茶

胡萝卜苹果汁

做法

将法棍斜着切成片，撒上比萨用芝士，放入烤箱
烤至芝士熔化。

mikuʹs
memo

太阳蛋我喜欢半熟的。煎到蛋黄有流动性的溏心效果最
棒。拿法棍就着溏心鸡蛋吃也很美味。

核桃木材质的菜板是小泽贤一的作品。"Arabia"的
Paratiisi 系列餐盘（黑）的低调色彩不会影响食物的颜
色，大小也是我喜欢的。

11

小奢侈
法式吐司
— TOAST —

🧤 搭配

水煮蛋和樱桃萝卜、圣女果沙拉
红茶

🍴 做法

在加有朗姆酒的鸡蛋液里加入鲜奶油（代替牛奶），将吐司面包放在奶油鸡蛋液里浸一下。平底锅中加入黄油，将浸了奶油鸡蛋液的面包放入锅中，两面煎至金黄色即可。

miku's
memo

用鲜奶油做的法式吐司，吃起来外酥里嫩，特别美味。

12

烤香蕉
法式吐司
— TOAST —

🧤 搭配

橙子

红茶

🍴 做法

取 4 片吐司面包，浸入加了朗姆酒的鸡蛋液里。
用平底锅将面包逐个煎至两面金黄。
取 1 根香蕉纵向对半切开，再横向对半切成 4 块，
放入平底锅中用椰子油煎一下。

miku's
memo

朋友亲手做的平底锅手柄套，无论是横条纹还是十字纹
都特别可爱，每次看到它们都有被治愈的感觉。

13

刺猬形
镂空吐司
── TOAST ──

搭配

水煮蛋、樱桃萝卜、圣女果沙拉

卡蒙贝尔奶酪

核桃和甜杏仁

红茶

做法

取 1 片吐司面包，中间用曲奇模具压成镂空形状。镂空部分的面包片和吐司片一起放入烤箱烤至表面松脆。

miku's memo

超喜爱坚果。其中最爱核桃，几乎每天必吃。生核桃肉放入烤箱 150℃烤 10 分钟，就可散发出诱人的香味。

刺猬形状的曲奇模具是偶然间发现的。试着用各种模具印出不一样的形状，特别开心。

第三章

14

草莓
法式吐司
— TOAST —

🧤 **搭配**

红茶

🍴 **做法**

法棍斜着切成片，浸在加了朗姆酒的鸡蛋液里。
然后用平底锅将其两面煎至金黄色。
装盘，加入酸奶油、草莓和新鲜薄荷叶。

miku's
memo

朗姆酒用的是牙买加产的 "Myers's Rum"。这种酒
香味浓郁，特别好喝。美丽的花环是朋友亲手制作的，
清新雅致的色彩搭配，好喜欢。

酸奶油：是用淡奶油和酸奶混合，静置 8~12 小时至完
全凝固后形成的。也可以根据喜好加入蜂蜜或者枫糖。

第三章

15

香橙蓝莓

法式吐司
— TOAST —

✗ 做法

法棍斜着切成片，浸在加了朗姆酒的鸡蛋液里。

再用平底锅将面包两面煎至金黄色。

装盘，铺上已去皮切块的橙子、酸奶油。

最后点缀上薄荷叶。

miku 喜爱的小物
3

爱着的主角级餐盘们

无论是"永恒的经典主角"还是"玩票客串"的盘子，
都是自己花时间一点一点收集起来的。
每一只盘子都有它自己的剧情和故事。
都是我爱着的主角级餐盘。

白色餐盘 White Plates

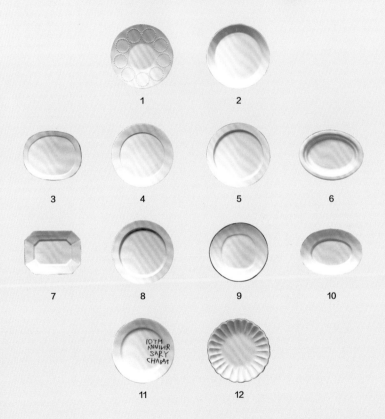

1. 永远经典的波点圆圈图案。"minä perhonen"的 tambourine 系列餐盘。　2."littala"的 Teema 系列餐盘。直径有 23cm，用作大拼盘尺寸正好。　3. 石冈信之的椭圆形餐盘，无论是盛日本料理还是西洋料理都很搭。　4. 大谷哲也的西式餐盘，无论盛什么都能美成一幅画。　5. 大尺寸的餐盘，特别适合和其他餐盘重叠使用。"Yumiko Iihoshi"的 unjour matin plate（suna）系列餐盘。　6. 池田优子的椭圆形餐盘，边缘部分做出阶梯式的层次感，特别有个性。7. 井山三希子做的猿山餐盘（中），无论盛什么都很漂亮。8."Yumiko Iihoshi"的 unjour apres midi（ivory）餐盘。特别喜欢这个系列的独特色泽。　9. 石冈信之的平盘，是很有温润感的盘子。　10. 有一点深度，无论是装食物还是盛菜都很方便。井山三希子的作品，椭圆盘。　11."chabbit"的盘子上装饰着的手写文字是亮点。　12. 石冈信之的花朵形餐盘。有一些深度，可以用来盛盖浇饭。

餐盘 Plates

1   2

3   4   5

6   7   8   9

10   11   12

13   14

1. "Arabia"的 Paratiisi 系列餐盘（黑），是和任何料理都能完美搭配的盘子。 **2.** "Arabia"的 Ruska 系列餐盘，直径 20cm，装吐司面包正好，也可以用来装日本料理。 **3.** 高塚和则的椭圆形木餐盘，特别喜欢它恰到好处的厚度和美丽的木纹。 **4.** 池田优子的椭圆餐盘（奶油薄荷）。还想要海军蓝或者粉米色等其他颜色。 **5.** "Arabia"的 Paratiisi 系列餐盘（紫），华丽的图案能使简单的吐司面包也看起来很漂亮。 **6.** 石岗信之的圆托盘 5in 餐盘，看起来像托盘一样的形状很可爱，颜色也很喜欢。 **7.** "STUDIO M'"的法式八角盘（Gtis plate 焦糖色）。可爱又结实，不仅是早上，其他时间也很爱用的盘子。 **8.** "Jens.H.Quistgaard"的 Relief 系列餐盘，直径 25cm。叶子形状的图案特别漂亮。 **9.** 特别喜欢这个盘子的波点圆圈图案，每次看到都很开心。"minä perhonen"的 tambourine 系列餐盘（绿）。 **10.** "Rörstrand"的 mon amie 系列餐盘，跟同系列马克杯一起使用，非常可爱。 **11.** 这个盘子作为西餐大拼盘的使用率很高，"无印良品"的洋槐木餐盘。 **12.** "Arabia"的 Ruska 系列餐盘，直径 25cm，一般用于盛主菜或者作为一个大拼盘使用。 **13.** "Yumiko lihoshi"的 unjour apres midi（smoke blue）餐盘。喜欢和象牙色同款餐盘搭配着使用。 **14.** 其大小用来盛蛋糕或者点心正好。"Jens.H.Quistgaard"的 Relief 系列餐盘，直径 17cm。

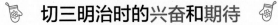# 切三明治时的兴奋和期待

以前母亲经常给我做黄瓜火腿三明治。
尽管食材和做法都很简单，
但到现在都好喜欢这个搭配。
厚厚的三明治虽然吃起来很费劲，
但看着就让人食欲满满。

我的早餐花园

—— 第四章 ——

三明治
- SANDWICH -

1

香肠、西式黄油炒蛋

可颂三明治
—— SANDWICH ——

🧤 搭配

培根炒芦笋

圣女果

酸奶加自制燕麦和草莓

奶茶

胡萝卜苹果汁

🍴 做法

用面包刀将2只可颂面包从中间切开，注意不要切断。
其中一只涂上黄油，将烤过的香肠和生菜夹在里面，
挤上番茄酱。
另一只也同样涂上黄油，然后将生菜和西式黄油炒蛋夹
在里面，这款可颂三明治就做好了。

miku's
memo

今天使用的餐盘是在福冈一家名为"chabbit"的杂货店买的
10周年纪念商品。

说到可颂三明治，我小时候，母亲在家里常做的就是这款香肠
和西式黄油炒蛋的组合。

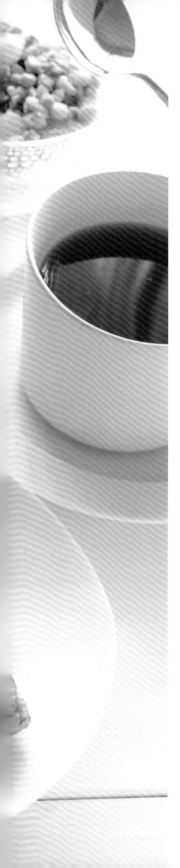

2

鸡蛋卷
热三明治
—— SANDWICH ——

 搭配

酸奶加市售燕麦片和香橙

奇异果

红茶

做法

取1片薄吐司面包放入 Bawloo 直火面包机里，
将加了胡椒的上汤鸡蛋卷夹在中间，然后开火，
将吐司两面煎至金黄色即可。

miku's memo

Bawloo 直火面包机可以胜任从熟食到甜食的各种制
作，我的这台是单格的，也有中间有线可简单地将食材
分成两等份的双格款。

这款三明治的做法是在电视上学到的，胡椒能带出鸡
蛋的鲜美，非常好吃。

第四章

3

火腿香肠
可颂三明治
—— SANDWICH ——

搭配

水煮蛋

嫩叶蔬菜

圣女果

巨峰葡萄

奶茶

做法

取 2 只可颂面包，用面包刀从中间切开，但不要切断。

将其中一只涂上黄油，将生菜和事先烤好的香肠夹在里面，浇上番茄酱。

另一只涂上芥末蛋黄酱，然后夹上生菜和火腿片即可。

miku's
memo

木餐盘是高塚和则的作品，是朋友直接帮我找他本人定制的，然后寄到我家。这样精美的木质纹路，无论盛什么都能美成一幅画。太喜欢了，感谢！

4

胡椒火腿煎蛋
三明治
—— SANDWICH ——

 搭配

酸奶奇异果

双色咖啡

做法

取 2 片吐司面包放入烤箱烤一下。

取其中一片放上易熔化的芝士片，放入烤箱烤至芝士熔化后取出，再依次放上胡椒火腿片、半熟太阳蛋和卷心菜丝，盖上另一片，做成三明治。

miku's
memo

酸奶奇异果的装盛方法：先将奇异果去皮切薄片后贴于玻璃杯的内壁，再缓慢地注入酸奶。

双色咖啡的做法：先在玻璃杯里倒入冰咖啡和大量冰块，拿一根筷子放在玻璃杯里的冰块上，然后沿着筷子非常缓慢地注入牛奶。这样一杯上下呈现两种颜色的双色咖啡就做好了。

5

蒙特克里斯托
法式三明治
—— SANDWICH ——

🧤 搭配

圣女果

草莓

红茶

🍴 做法

取 2 片吐司面包，在其中一片上放上火腿、芝士、胡椒和易熔化的芝士片，再盖上另一片吐司，做成三明治，对半切一下，将三明治两面都浸上鸡蛋液。

平底锅内放入黄油，然后下入浸上了鸡蛋液的三明治，小火将其两面煎至金黄色。

最后淋上橄榄油，撒上欧芹碎。

miku's memo

餐盘用的是 Yumiko Iihoshi 的作品。简单的设计特别能烘托出食物的美。茶杯和杯托也配了同系列的款式。

6

卷心菜西式黄油炒蛋
热三明治
—— SANDWICH ——

 搭配

奶茶

做法

将卷心菜切成细丝，放入锅中炒一下，
放入椒盐和番茄酱调味。
取 2 片薄吐司面包，夹上西式黄油
炒蛋和调好味的卷心菜丝，然后放入
Bawloo 直火面包机，直火烤到两面
酥脆即可。

miku's
memo

这次用的番茄酱是在奈良的一家叫作"核桃
木"的咖啡杂货店买的，淡淡的甘甜味特别棒。

7

番茄、马苏里拉奶酪、罗勒火腿、卡蒙贝尔奶酪

法棍三明治
──── SANDWICH ────

 搭配

法式胡萝卜沙拉

红茶

做法

将法棍切出 2 片厚厚的面包片（每片厚度约为 2 片吐司相加），然后将每片从中间切开（注意不能切断）。在其中一片面包里夹上鲜罗勒叶、番茄片和马苏里拉奶酪。

另一片面包里夹上火腿、卡蒙贝尔奶酪和荷叶边生菜。

miku's memo

盛法棍三明治的器皿用的是"everyday by collex"家的 Fajans 系列。上面宛若北欧古董般的图案特别可爱。

8

草莓

三明治
—— SANDWICH ——

🧤 搭配

草莓

蓝莓蔓越莓司康

红茶

🍴 做法

取 2 片三明治用吐司面包，其中一片涂上发泡奶油，摆上草莓，再涂一层发泡奶油，涂好后盖上另一片吐司面包，做成三明治。用刀小心地将面包的边缘切掉。

再将三明治对半切成 2 等份，最好切完的效果是能看到漂亮的草莓断面。

miku's memo

这次试着用烘焙纸包了一下三明治，然后还装饰上了缎带。三明治里用到的水果，除了草莓，还可以选择奇异果、香蕉、黄桃等色彩丰富的种类，做出的成品会既好看又好吃。

司康购于日本豪德寺的一家面包店，这家店里的盐巧克力司康，还有酥脆的丹麦可颂面包等味道都很赞，超级喜欢。

9

彩色蔬菜
三明治
—— SANDWICH ——

 搭配

红茶

🍴 做法

取 2 片吐司面包涂上黄油。

将切成细丝的紫甘蓝，牛油果片、太阳蛋、法
式胡萝卜沙拉、芝士片和生菜夹在中间。

然后用刀切成 2 等份。

用尺寸大一点的蜡纸包裹，并像包糖果一样将
蜡纸两头扭紧。

miku's
memo

在切三明治的时候，用保鲜膜将三明治包起来切会比较
容易。蜡纸两头用麻绳或者丝带绑起来也会很可爱。

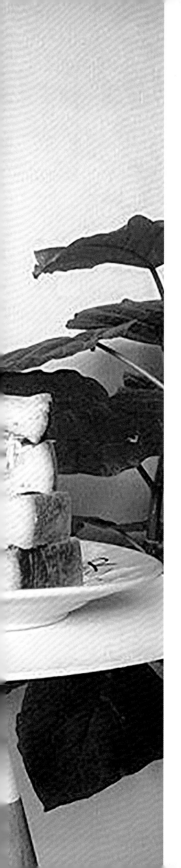

第四章

10

太阳蛋沼夫
三明治
—— SANDWICH ——

🧤 搭配

冰牛奶咖啡

🍴 做法

将卷心菜切成细丝后跟切碎的西式酱菜、蛋黄酱、黑胡椒一起拌匀备用。

取1片吐司面包，放上易熔化的芝士片和培根，放入烤箱烤一下。

另取1片吐司面包，先放入烤箱烤，再涂上带芥末籽的法式芥末酱。

最后在2片吐司中间夹上卷心菜丝和太阳蛋即可。

miku's
memo

这次做的本家沼夫三明治特意放了太阳蛋，因馅料很多所以味道特别棒。

做牛奶咖啡的咖啡原液是无糖的，可以根据自己的喜好调整甜度，特别开心！

11

西式黄油炒蛋火腿芝士
热三明治
—— SANDWICH ——

🧤 搭配

草莓

红茶

🍴 做法

取 2 片薄吐司面包。

其中一片涂上番茄酱，放上易熔化的芝士片、火腿片、西式黄油炒蛋，盖上另一片吐司面包，放入 Bawloo 直火面包机中烤至两面金黄即可。

miku's memo

这块紫色的 Paratiisi 系列餐盘，是我买的第一只"Arabia"的盘子。非常喜欢它优美的花纹和典雅的配色。就算是普通食物盛在其中，也会瞬间变成华丽的盛宴。

12

苹果派
热三明治
— SANDWICH —

🧤 搭配

红茶

🍴 做法

先将苹果切成片（银杏形切法：划十字刀切成 1/4 个圆的形状），葡萄干用热水烫一下。

锅中放入水、砂糖、苹果片，开火稍微煮一下后捞出控干水。

取 2 片薄吐司面包，夹上苹果片和葡萄干，在吐司外面涂上一层黄油，放入 Bawloo 直火面包机中烤至两面金黄即可。

miku's memo

这次装三明治的器皿使用的是石岗信之的云朵小钵。特别喜欢它可爱的云朵形状。虽然它本来的用途并不是装三明治的，但感觉盛在里面能清晰地看到三明治的断面，所以就用了。

13

汉堡牛排西式黄油炒蛋

热三明治
—— SANDWICH ——

🧤 搭配

酸奶加蜂蜜

巨峰葡萄

红茶

🍴 做法

取 2 片薄吐司面包，夹上西式黄油炒蛋和汉堡牛排，放入 Bawloo 直火面包机中烤至两面金黄。

miku's memo　　夹入易熔化的芝士片也会很美味。

14

牛油果金枪鱼芝士贝果
三明治
—— SANDWICH ——

 搭配

绿色蔬菜沙拉

圣女果

卡蒙贝尔奶酪

玉米浓汤

草莓

奶茶

做法

芝士贝果沿着厚度切成 2 片，放入烤箱烤一下。牛油果切成丁，跟金枪鱼肉、蛋黄酱、椒盐混合均匀后，夹在贝果里。

miku's memo

除了以上组合，牛油果、西式黄油炒蛋、圣女果的组合也会很美味。

盘子用的是"Arabia"的 Ruska 系列餐盘。它很结实，可以直接放入烤箱使用。深色的釉面能更好地衬托出食物。"Jens. H. Quistgaard"的 Relief 咖啡杯跟这块餐盘放在一起相得益彰。

15

太阳蛋胡椒火腿贝果
三明治
—— SANDWICH ——

 搭配

草莓

红茶

做法

原味贝果沿着厚度对半切成 2 片，放入烤箱烤一下。薄薄地涂上一层芥末蛋黄酱，然后夹上生菜、芝士片、胡椒火腿片和太阳蛋。

miku's memo

盘子下面铺的擦手巾是 @card_ya 的。很喜欢它上面各种可爱的文具图案。

原味贝果可以直接购买，也可以自己制作。口感松软，很好吃。

16

芝士汉堡牛排芝麻贝果
三明治
—— SANDWICH ——

🧋 搭配

无花果葡萄克拉芙缇
红茶

🍴 做法

芝麻贝果沿着厚度对半切成 2 片，放入烤箱烤一下。然后将生菜、芝士汉堡牛排和用刨子刨成薄片的胡萝卜夹在里面即可。

miku's
memo

叠得太高怕倒，所以用竹扦固定一下。上面的旗帜是用美纹纸胶带制作的，先把胶带贴在竹扦上，再用剪刀剪成想要的长度。

高塚和则的木菜板是生日时收到的礼物，由于具有纪念意义，所以使用时特别爱惜。

17

西式黄油炒蛋嫩叶蔬菜贝果
三明治
—— SANDWICH ——

🥛 搭配

酸奶加自制麦片和草莓
红茶

🍴 做法

芝士贝果沿着厚度对半切成2片。
将其中一片涂上带有芥末籽的法式芥
末酱和蛋黄酱。放上半熟的西式黄油
炒蛋和嫩叶蔬菜。最后盖上另一片芝
士贝果。

miku's
memo

金合欢树做的木餐盘是在"无印良品"家买
的。当作大拼盘使用起来很有咖啡馆格调。

芝士贝果是"Costco"家的，入口即化的
芝士和鸡蛋的鲜美口感相得益彰。

18

核桃奶油芝士贝果
三明治

—— SANDWICH ——

🧤 **搭配**

奇异果

红茶

🍴 **做法**

贝果沿着厚度对半切成２片，放入烤箱稍微烤一下。然后夹上奶油芝士，撒上核桃碎。

miku's memo　　这次用的是由７种谷物类粮食和无花果做成的贝果，无花果一直是我无法抗拒的心头爱。

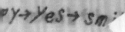

第四章

19

南瓜沙拉贝果

三明治
—— SANDWICH ——

✂ 做法

贝果沿着厚度对半切成 2 片，涂上明太子蛋黄酱。

再夹上南瓜沙拉、鸡蛋沙拉、黄瓜和生菜。

用烘焙纸包裹住，纵向从中间对半切开。

上面插上 1 根西式莳萝酱黄瓜。

miku's memo

贝果：用的是原味贝果，这款贝果内部组织饱满、中间绵弹，特别有嚼劲，吃起来口感很棒，一吃就停不下来。

西式莳萝酱黄瓜：味道不甜，香味馥郁，吃起来口感清爽。将它切碎后拌上塔塔沙司味道也很棒。

20

南瓜土豆沙拉贝果
三明治
—— SANDWICH ——

 搭配

机器人形状的巧克力
奶茶

做法

贝果沿着厚度对半切成 2 片，将南瓜沙拉、
土豆沙拉在 2 片贝果上各放一半。
再夹上生菜，纵向从中间对半切开。

miku's
memo

机器人形状的巧克力，是把巧克力熔化后倒在司康
模具里做出来的。

今天做了简单的奶茶拉花图案，做法是：红茶里加
入奶泡，然后将速溶咖啡冲泡得浓一些，用竹扦或
者牙签蘸一点浓咖啡液在奶泡上描绘出笑脸即可。

21

鸡蛋火腿芝士贝果

三明治
—— SANDWICH ——

🧤 搭配

圣女果

红茶

🍴 做法

芝士贝果沿着厚度对半切成 2 片，分别
涂上芥末蛋黄酱，然后夹上生菜、芝士片、
胡椒火腿和水煮蛋。

miku's
memo

这个八角形餐盘是 "STUDIO M'" 家的法式
Gtis 系列餐盘（焦糖色）。边缘上的立体波点
是其漂亮时尚的魅力点。

我的早餐花园

── 番外篇 ──

奶油手撕小餐包

番外篇

奶油手撕小餐包

🧤 **搭配**

牛奶咖啡

🍴 **做法**

一次发酵好的面团分成 12 等份，每个小面团都整成圆形，排放在铸铁平底锅里，让其自然发酵 30 分钟。

然后用刷子将打散的鸡蛋液刷在面团表面，放入烤箱烤制。

miku's memo

奶油手撕小餐包再配上 "Trader Joe's" 的酥脆曲奇酱，甜度正好，肉桂香味浓郁，特别好吃。

铸铁平底锅就这样摆上餐桌也是一道美丽的风景。